BEI GRIN MACHT SICH IHR WISSEN BEZAHLT

- Wir veröffentlichen Ihre Hausarbeit, Bachelor- und Masterarbeit

- Ihr eigenes eBook und Buch - weltweit in allen wichtigen Shops

- Verdienen Sie an jedem Verkauf

Jetzt bei www.GRIN.com hochladen und kostenlos publizieren

Nadine Bellinghausen

Tsunamis und ihre Folgen

GRIN Verlag

Bibliografische Information der Deutschen Nationalbibliothek:

Die Deutsche Bibliothek verzeichnet diese Publikation in der Deutschen National-
bibliografie; detaillierte bibliografische Daten sind im Internet über http://dnb.d-
nb.de/ abrufbar.

Impressum:

Copyright © 2007 GRIN Verlag GmbH
Druck und Bindung: Books on Demand GmbH, Norderstedt Germany
ISBN: 978-3-656-30210-0

Dieses Buch bei GRIN:

http://www.grin.com/de/e-book/68874/tsunamis-und-ihre-folgen

Universität zu Köln
Erziehungswissenschaftliche Fakultät
Seminar für Geographie und Ihre Didaktik
Seminar: Geomorphologie und Böden
Wintersemester 2006 / 2007

Tsunamis und ihre Folgen

Nadine Bellinghausen
3. Fachsemester

Inhaltsverzeichnis

1. Einleitung

In der folgenden Ausarbeitung wird versucht einen Überblick über das Thema Tsunami zu geben, das besonders seit dem Tsunami am 26. Dezember 2004 im Indischen Ozean, bei dem über 200.000 Menschen starben, in den Medien oft diskutiert wird.

Dazu gehören eine kurze Begriffsdefinition zu Tsunami, seine Entstehung und eine Erklärung der Welle. Die Frühwarnsysteme und Verhaltensregeln bei Tsunamis werden erklärt, denn durch sie können viele Menschenleben gerettet werden. Im Anschluss daran werde ich auf die katastrophalen Folgen eingehen, die ein Tsunami mit sich bringt. Zuletzt hänge ich eine Chronik der größten Tsunamis an meine Ausarbeitung, die einen Überblick verschaffen soll.

Das Referat zu meiner Ausarbeitung werde ich am 29.01.2007 im Seminar für Geomorphologie und Böden halten.

2. Tsunami – zum Begriff

„ Der Name Tsunami wurde aus der japanischen Sprache übernommen. Er bedeutet eine große Welle an der Küste. Ozeanographisch wird jedoch auch die Wellenerscheinung im tiefen Ozean so genannt. *(Gierloff – Emden 1979: S.427)*

„Der Name Tsunami stammt aus Japan und bedeutet übersetzt lange Hafenwelle, den nur im Hafengebiet wird sie mit ihren gigantischen Dimensionen von unserer Aufmerksamkeit erfasst." *(Maier 2005: S.22)*

3. Entstehung eines Tsunami

86 % aller Tsunamis sind die Folge eines Seebebens, alle anderen Tsunamis entstehen durch Plattentektonik, Unterwasserlawinen und Vulkanausbrüche. Die meisten Tsunamis entstehen an Subduktionszonen im Pazifik und im Indischen Ozean. Rund um den Pazifik und am Ostrand des Indischen Ozeans schiebt sich die ozeanische unter die kontinentale

Platte. Durch diese Subduktion bilden sich an der Erdoberfläche häufig Tiefseegräben.
(Lausch 2005: S.140 – 143)

Des Weiteren können Tsunamis durch Erdrutschungen entstehen, vor allem wenn Landmassen mehrerer Kubikkilometer in das Meer rutschen oder wenn größere Meteoriten aus dem Weltall ins Meer knallen. *(Maier 2005: S.22)*

Wird der Tsunami durch ein Seebeben verursacht , muss das entstandene Erdebeben mindestens eine Stärke von 7,0 auf der Richterskala haben, denn erst ab dieser Stärke wird genug Energie freigesetzt, um das Wasser ruckartig hoch zu bewegen. Außerdem muss der Meeresboden nach oben gehoben oder versenkt werden. Wird er nur seitlich versetzt, entsteht kein Tsunami. *(www.tsunami-alarm-system.com)*

Durch diese „Unterwasseraktivitäten" entstehen sehr hohe Vibrationen, durch die an der Wasseroberfläche viele niedrige Wellen entstehen. Diese Wellen breiten sich vom Epizentrum mit einer sehr hohen Geschwindigkeit (bis zu 700 km/h) kreisförmig aus. Sie rasen über die Ozeane bis zur nächsten erreichbaren Küste. Sobald sie diese erreicht haben, bauen sie sich, bis zu 50m in die Höhe auf und ihre Geschwindigkeit reduziert sich erheblich. Die Welle vermischt sich mit den Brandungswellen an der Küste und baut sich noch weiter in der Höhe auf. Wenn diese Welle jetzt an die Küste brandet, reißt sie alles mit sich. *(Maier 2005: S.20)*

Es sind meist niedrige Küsten betroffen, die aus Lockermaterial bestehen, „das durch kurze, aber intensive Einwirkung dieser Riesenwelle erodiert und umgelagert wird."
(Ahnert 1996: S. 400)

An Steilküsten besteht weniger Gefahr und das Wasser kommt nicht bis ins Landesinnere.
(Ahnert 1996: S. 400)

4 .   Wellen Definition

Tsunamis haben eine sehr lange Wellenlänge. Die Wasserwelle (auch seismische Welle genannt) entsteht durch die Unterwasseraktivitäten am Meeresboden z.B. durch ein Seebeben oder wenn ein Fremdkörper an der Meeresoberfläche das Wasser verdrängt. Alle Wellen haben eine Wellenlänge, Wellenhöhe, Wellenamplitude, Wellenfrequenz und eine Wellengeschwindigkeit. *(Maier 2005: S. 22f.)*

Die Wellenlänge ist durch den Abstand zwischen den Wellenkämmen bestimmt.
(Press&Siever 1995: S.372)

Die Wellenlängen werden in Kilometer gemessen und eine Tsunamiwelle kann bis zu 200 km lang sein. Normale Ozeanwellen besitzen eine Länge von 100m.
(Maier 2005 S.23)

Die Wellenhöhe wir gemessen, indem man den senkrechten Abstand zwischen Wellenkamm und Wellental bestimmt. *(Press&Siever 1995: S.372)*

Wellenamplitude nennt man die Hälfte der Wellenhöhe. *(Press&Siever 1995: S. 372)*

Die Wellenfrequenz oder Wellenperiode ist die Zeit, die eine Welle bis zum Eintreffen der nächsten Welle braucht. *(Press&Siever 1995: S.372)*
 Bei einer Tsunamiwelle liegt die Wellenfrequenz zwischen 10 und 20 Minuten. Bei einer normalen Ozeanwille zwischen
5 und 20 Sekunden. *(Maier 2005: S. 24)*

Die Wellengeschwindigkeit bezeichnet die Geschwindigkeit einer Welle. Normale Wellen haben eine Geschwindigkeit von ungefähr 90 km/h, im Vergleich dazu haben Tsunamiwellen eine Geschwindigkeit von bis zu 950 km/h. *(Maier 2005: S. 24)*

Die Wellengeschwindigkeit berechnet man wie folgt:
Wellengeschwindigkeit = Wellenlänge : Wellenfrequenz
V= L/T *(Press&Siever 1995: S.372)*

Die Tsunamiwelle ist eine sehr große Welle. Dadurch verliert sie sehr wenig Energie bis sie an der Küste eintrifft. Die Wellengeschwindigkeit einer Tsunamiwelle bezieht sich auch auf die Wassertiefe. Durch die Fortbewegung nimmt die Wassertiefe ab und die Geschwindigkeit der Tsunamiwelle verringert sich. Die Wellenfrequenz bleibt jedoch erhalten und durch die hohe Energie, die die Welle mit sich bringt, wird mehr Wasser in den Wellenkamm gepresst, das hat zur Folge, dass die Höhe der Welle steigt. Diese wirkt auf dem Wasser sehr harmlos, baut sich aber an der Küste zu einer sehr hohen Welle auf. Dieser Effekt wird als „SHOALING – Effekt" bezeichnet. An der Küste kommt es zu einem „Tieferlauf – Phänomen", das heißt das Wasser an der Küste geht sehr stark zurück, viel weiter als das Wasser bei Ebbe zurückgehen würde. Danach kommt es zur riesigen Tsunamiwelle, die Gegenstände und Menschen mit sich reißen kann. Wenn die Welle die

Küste trifft, kommt es zum „Hochlauf – Phänomen" , dabei nimmt der Wasserstand enorm zu und wird in Metern über der normalen Flutlinie gemessen. In der Hochlauf Phase können Tsunamis bis zu 30m über dem Meeresspiegel erreichen.

Wenn die erste Tsunamiwelle an der Küste eingetroffen ist, folgen in stündlichen Zeitabständen meist weitere Wellen. *(Maier 2005: S. 24 ff.)*

5.   Frühwarnsysteme

Frühzeitige Tsunamiwarnungen sind sehr wichtig, da durch die Tsunami Katastrophen im letzten Jahrhundert 51.000 Menschen zu Tode kamen. Zwischen 1950 und 1965 wurde ein Tsunami - Warnsystem errichtet. Dieses Warnsystem besteht aus einem Netz von seismischen grafischen Stationen und Flutstationen, die am Meeresboden des pazifischen Ozeans eingerichtet wurden. Es misst durch Sensoren kontinuierlich alle relevanten Daten und sendet diese via Satellit an das Pacific Tsunami Warning Center (PTWC), stationiert auf Hawaii. Es hat zur Aufgabe 22 Küstenstatten des Pazifiks vor Tsunamis zu warnen. Sobald ein See- oder Erdbeben stattfindet, werden die Daten direkt an die Überwachsungsstation weitergeleitet und ausgewertet, ob die Gefahr eines Tsunami entsteht. Auch die Flutstationen werden ständig überwacht. *(Maier 2005: S. 32)*
Sobald das Pacific Tsunami Warning Center die Gefahr eines Tsunami feststellt, werden sofort die umgehend gefährdeten Länder gewarnt und die Küstengebiete können evakuiert werden.

Probleme entstanden früher, wenn ein Erdbeben in Küstennähe einen Tsunami auslöste und die Bevölkerung nicht frühzeitig gewarnt werden konnte.
(Press&Siever 1995: S. 421)

Heute gibt es für dieses Problem Regionalwarnstationen für Entfernungen zwischen 100 und 750 Kilometer vom Epizentrum des See- oder Erdbebens. Man findet Regionalwarnstationen in: Japan, Kamchatka, Alaska, Hawaii, Französisches Polynesien und Chile. Die Regionalwarnstationen erweisen sich als sehr erfolgreich, was man an folgendem Beispiel sehen kann: Vor der Regionalwarnstation starben in Japan bei 14 Tsunamis 6.000 Menschen und nach Errichtung der Station bei 20 Tsunamis nur noch 215 Menschen. *(Maier 2005: S. 33)*

Eine weitere Tsunami - Warnstation ist das West Coast/ Alaska Tsunami Warning Center (WC/ATWC). Seine Aufgabe ist es Kalifornien, Oregon, Washington, British Kolumbien und Alaska zu warnen. *(Maier 2005: S. 33)*

Viele Länder, die in Gefahrenzonen liegen haben allerdings kein Tsunami Frühwarnsystem. Zu diesen Ländern gehören ein Großteil von Asien, Afrika, Südamerika und Zentralamerika (Maier 2005: S. 34). Sollte eine Tsunamiwelle auf eine der Küsten dieser Länder treffen, würde dies katastrophale Folgen auf die Bevölkerung haben.

6.   Verhaltensregeln bei Tsuanmiwarnungen

Es gibt Evakuierungspläne für Länder, die in Tsunami- Gefahrenzonen liegen. Die Länder haben bestimmte Verhaltensempfehlungen bei Tsunamis. Das West Coast/ Alaska Tsunami Warning Center und das Pacific Tsunami Warning Center haben folgende Richtlinien bei Tsunamiwarnungen erstellt. *(Maier 2005: S. 35)*

6.1   Benachrichtigungsstufe

Im Falle eines See – oder Erdbebens, dass einen Tsunami auslösen könnte, werden stündlich Informationsblätter an die Bevölkerung der betroffenen Regionen herausgegeben und es werden Internet- Live – Ticker aktiviert. *(Maier 2005: S. 35)*

6.2   Warnstufe

„ Wenn es einen Tsunami bereits gegeben hat oder einer entstehen wird, der Schäden anrichten kann, ist eine sofortige Evakuierung des betroffenen Gebiets erforderlich." *(Maier 2005: S.35)*

In den Gefährdeten Regionen werden außerdem Warnschilder am Strand und Hinweisschilder zu Fluchtwegen aufgestellt. Des Weiteren werden die Kinder in den Schulen über die Gefahr der Tsunamis informiert und trainieren, wie sie sich im Falle eines Tsunami zu Verhalten haben. (www.lerntippsammlung.de)

Wenn man von einem Tsunami betroffen ist sollte man sich auf den nächst höheren Standort (min. 30 Meter Höhe) begeben , denn das Wasser ist wesentlich schneller, wenn die Welle auf das Land trifft, als ein Mensch rennen kann. Gibt es keinen höheren

Standort, kann man versuchen sich auf einem starken Baum in Sicherheit zu bringen oder auf etwas Schwimmbarem. Sollte eine Tsunamiwelle eintreffen, ist damit rechnen, dass es noch weitere Wellen geben wird. *(www.wikipedia.de)*

7.   Folgen eines Tsunami

7.1   Schäden

Trifft ein Tsunami auf eine Küste und dringt vor bis ins Landesinnere, so werden Dörfer, Städte ,Infrastruktur des Landes zerstört und sehr viele Menschen kommen ums Leben. So wurde durch die Tsunamiwelle am 26.12.2006 die Hauptstadt der Provinz Aceh in Indonesien komplett zerstört, nur die Moschee blieb erhalten. Das bedeutet, dass die gesamte Stadt wieder neu erbaut werden muss, wodurch Kosten in Millionenhöhe entstehen.

Die Menschen, die ihr Heim verloren haben, sind obdachlos und die Bevölkerung muss mit Nahrungsmitteln und Medikamenten versorgt werden. Das heißt, die Menschen sind auf externe Hilfe zum Überleben angewiesen.

Ein weiteres Problem gestaltet sich dadurch, dass die Leichen oft nicht bestattet werden können, bevor die Verwesung eintrifft, denn der Verwesungsprozess beginnt aufgrund der tropischen Klimaverhältnisse innerhalb weniger Tage. Durch diesen schnellen Verwesungsprozess wird das Grundwasser verseucht und ist nicht mehr trinkbar. Außerdem ist es schwer die Toten noch zu identifizieren. Die Leichen müssen so schnell wie möglich bestattet werden, dazu dienen Massengräber. *(Maier 2005: S. 53 f.)*

7.2   Psychotherapien und Trauma

Die überlebenden Menschen, die durch die Tsunamiwelle an einem Tag ihre Angehörigen und ihr Heim verloren haben sind traumatisiert. Bei einem psychisch stabilen Menschen dauert es ca. 6 – 8 Wochen bis er das Erlebte verarbeitet hat, bei den Restlichen kann der Schock, je nach Persönlichkeit, ein Leben lang anhalten.

Das Trauma ist meist wesentlich schlimmer als die Verletzungen, denn oft werden die Menschen von Todesängsten geplagt. Die Erinnerungen an die Katastrophe werden verdrängt und können nur durch Gespräche überwunden werden. Deshalb sind Psychologen sehr wichtig für die betroffenen Personen.

(Maier 2005: S. 59 f.)

7.3 Epidemien und Krankheiten

Durch die Tsunamikatastrophe kommt es in den betroffenen Gebieten sehr oft zu
Epidemien und Seuchen. Aufgrund der vielen Leichen und Tierkadaver besteht die Gefahr,
dass das Trinkwasser verseucht wird. Durch die hohe Umwetverschmutzung besteht die
Gefahr,dass sich Trinkwasser mit Abwasser vermischt.. Außerdem ist die Mehrheit, der in
den Tsunamigebieten lebenden Personen nicht geimpft. Bei den Folgen eines Tsunami
treten folgende Krankheiten häufig auf:

1. Cholera: Diese Krankheit wird durch „ Vibriocholera- Bazillen" ausgelöst und bildet
sich in stehenden Gewässern. Bei einem Tsunami vermischen sich Abwasser und
Grundwasser und die Krankheit kann sich schnell ausbreiten.

2. Tetanus: Es handelt sich um einen Wundstarrkrampf. Die Erreger sind „Clostridium
Tetani". Der Erreger gelangt durch verschmutzte Wunden in den Körper.

3. Typhus: Der Typhus Erreger heißt „Salmonelli typhi". Er wird durch schmutziges
Wasser und Nahrungsmittel aufgenommen.

4. Malaria: Diese Krankheit wird durch infizierte Mücken übertragen. Sie bilden sich bei
stehenden Gewässern und überschwemmte Tsunamigebiete sind daher ideal für sie.
(Maier 2005: S.61 f.)

7.4 Folgen der Natur

Vor allem die Korallenriffe sind extrem belastet durch die Tsunamikatastrophen.
Die bereits vom aussterben bedrohten Korallenriffe werden teilweise von der Welle
weggerissen und zerstört, oder sie werden mit Sand und Schlamm zugeschüttet. Folglich
sterben diese ab. *(Maier 2005: S. 67 f.)*
Aber auch auf die Fische haben Tsunamis katastrophale Folgen, so werden z.B. bis zu 90%
der Muscheln, Tausende Großfische und Millionen von Lachsen zerstört.
(Gierloff – Emden 1979: S.430)

8.　Chronik der größten Tsunamis

1628 v. Chr.

Eine Vulkanexplosin auf der Mittelmeerinsel Santorin führt zu 60m hohen Wellen im Mittelmeer.

1. November 1755

Die portugiesische Hauptstadt Lissabon wird aufgrund eines Erdebebens, der Stärke 9,0 zerstört. Die Einwohner, die sich ans Ufer des Tejo retten wollen, werden von einem Tsunami überrascht. Es kommen 30.000 bis 60.0000 Menschen ums Leben.

27. August 1883

Der Vulkan Krakatau bricht aus, es entsteht ein großer Tsunami. Die Flutwellen haben eine Höhe von 40m. 36.000 Menschen sterben.

28. Dezember 1908

Durch einen Tsunami in der Hafenstadt Messina auf Sizilien kommen ca. 83.000 Menschen ums Leben.

22. Mai 1960

Das bis dahin stärkste Erdbeben der Erde (Stärke 9,5), 700km südlich der chilenischen Hauptstadt Santiago erschüttert die Erde und löst Vulkanausbrüche, Erdrutsche und einen Tsunami aus. Der Tsunami geht über den gesamten Pazifik. Er verwüstet Hilo auf Hawaii und endet in Japan. In Chile sterben 1000 Menschen, auf Hawaii 61 und in Japan 119 Menschen.

27. März 1964

Ein Erdbeben vor Alaska löst einen Tsunami aus, der sich an der gesamten Westküste Kaliforniens ausbreitet. 115 Menschen sterben in Alaska,in Oregon vier und in Kalifornien elf.

28. Juli 1976

„Ein Tsunami im Morogolf fordert auf den Philippinen mehr als 5.000 Menschenleben."
(wikipedia).

1.Mai 1991

Ein Wirbelsturm in Bangladesch löst einen Tsunami aus. Die Flutwelle beträgt 20m. 2000 Dörfer und Provinzstädte werden zerstört. 138.000 Menschen sterben und 30 Millionen Menschen werden obdachlos.

17. Juli 1998

Ein Tsunami, der durch ein Erdbeben in Papua- Neuguinea ausgelöst wird, bringt ca. 3000 Menschen um ihr Leben.

26. Dez. 2004

„Durch ein Seebeben im Indischen Ozean vor der Insel Sumatra, das eine Magnitude um 9,3 auf der Richterskala hat – das drittstärkste je gemessene Beben –, ereignet sich eine der bisher schlimmsten Tsunamikatastrophen der Geschichte. Mindestens 231.000 Menschen (Stand: Dezember 2005) in 8 asiatischen Ländern (Indonesien/Sumatra, Sri Lanka, Indien, Thailand, Myanmar, Malediven, Malaysia und Bangladesch) werden getötet. Die Flutwelle dringt auch mehrere tausend Kilometer bis nach Ost- und Südostafrika vor; weitere Opfer werden aus Somalia, Tansania, Kenia, Südafrika, Madagaskar und von den Seychellen gemeldet." (wikipedia).

17. Juli 2006

Ein Seebeben, vor der indonesischen Insel Java löst einen Tsunami aus. Es sterben 700 Menschen.

(Lausch 2005: 148 f. und wikipedia.de)

9.   Literaturverzeichnis

AHNERT, F. (2003)³: Einführung in die Geomorphologie. Stuttgart. Ulmer UTB Verlag.

LOUIS, H., K. FISCHER (1979): Allgemeine Geomorphologie. Berlin. Walter de Gruyter.

GIERLOFF – EMDEN, H.G. (1979): Geographie des Meeres. Ozeane und Küsten. Teil 1.
Berlin. Walter de Gruyter.

GOUDIE, A. (2001): Physische Geographie. Eine Einführung. Berlin.
Spektrum Akademischer Verlag.

MAIER, A. (2005): Tsunami- Die Todeswellen. Norderstedt. Books on Demand.

PRESS, F., R. SIEVER (1995): Allgemeine Geologie. Berlin.
Spektrum Akademischer Verlag.

SCHNIBBEN, C. (2005): Tsunami. Geschichte eines Weltbebens. Hamburg. DVA.

LAUSCH, E. (2005): Tsunamis. Wie Riesenwellen entstehen. In: Geo Epoche , Heft 16,
S. 140 – 149.

Internetquellen

- http://de.wikipedia.org/wiki/Tsunami
(31.12.2006)

- http://www.parautochthon.com/100584/231717.html
(18.12.2006)

- http://www.naturgefahren.de/tsunami.htm
(April 2005)

- http://www.gzg.fn.bw.schule.de/kurse/gk12inf99sey/WeidenMi/tsunamis.htm
(22.12.2005)

- http://www.geoscience-online.de/index.php?cmd=focus_detail&f_id=100&rang=1
(21.12.2006)

- http://www.tsunami-alarm-system.com
(15.11.2006)

- http://www.lerntippsammlung.de/Tsunami.html